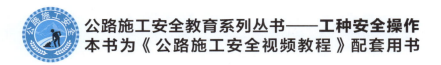

公路施工安全教育系列丛书——工种安全操作

本书为《公路施工安全视频教程》配套用书

作业人员基本安全常识

广 东 省 交 通 运 输 厅　组织编写

广东省南粤交通投资建设有限公司
中铁隧道局集团有限公司　主　编

人民交通出版社股份有限公司
China Communications Press Co.,Ltd.

内容提要

本书是《公路施工安全教育系列丛书——工种安全操作》中的一本，是《公路施工安全视频教程》(第五册　工种安全操作)的配套用书。本书主要介绍作业人员安全作业的相关内容，包括：作业人员基本要求，作业人员权利与义务，基本安全常识，常见事故类型与预防措施，职业病预防等。

本书可供施工使用，也可作为相关人员安全学习的参考资料。

图书在版编目(CIP)数据

作业人员基本安全常识/广东省交通运输厅组织编写；广东省南粤交通投资建设有限公司，中铁隧道局集团有限公司主编. — 北京：人民交通出版社股份有限公司，2018.12
ISBN 978-7-114-15038-8

Ⅰ. ①作… Ⅱ. ①广… ②广… ③中… Ⅲ. ①道路施工—安全技术　Ⅳ. ①U415.12

中国版本图书馆 CIP 数据核字(2018)第 226228 号

Zuoye Renyuan Jiben Anquan Changshi
书　　名：作业人员基本安全常识
著 作 者：广东省交通运输厅组织编写
　　　　　广东省南粤交通投资建设有限公司　中铁隧道局集团有限公司主编
责任编辑：韩亚楠　陈　鹏
责任校对：张　贺
责任印制：张　凯
出版发行：人民交通出版社股份有限公司
地　　址：(100011)北京市朝阳区安定门外外馆斜街 3 号
网　　址：http://www.ccpress.com.cn
销售电话：(010)59757973
总 经 销：人民交通出版社股份有限公司发行部
经　　销：各地新华书店
印　　刷：北京交通印务有限公司
开　　本：880×1230　1/32
印　　张：2
字　　数：54 千
版　　次：2018 年 12 月　第 1 版
印　　次：2021 年 8 月　第 3 次印刷
书　　号：ISBN 978-7-114-15038-8
定　　价：15.00 元

(有印刷、装订质量问题的图书由本公司负责调换)

编委会名单
EDITORIAL BOARD

《公路施工安全教育系列丛书——工种安全操作》编审委员会

主 任 委 员：黄成造

副主任委员：潘明亮

委　　　员：张家慧　陈子建　韩占波　覃辉鹍

　　　　　　王立军　李　磊　刘爱新　贺小明

　　　　　　高　翔

《作业人员基本安全常识》编写人员

编　　　写：李　萍　赵志伟　熊祚兵

校　　　核：王立军　刘爱新

版 面 设 计：王珍珍　高文多

致工友们的一封信 LETTER

亲爱的工友：

你们好！

为了祖国的交通基础设施建设，你们离开温馨的家园，甚至不远千里来到施工现场，用自己的智慧和汗水将一条条道路、一座座桥梁、一处处隧道从设计蓝图变成了实体工程。你们通过辛勤劳动为祖国修路架桥，为交通强国、民族复兴做出了自己的贡献，同时也用双手为自己创造了美好的生活。在此，衷心感谢你们！

交通建设行业是国家基础性和先导性行业，也是安全生产的高危行业。由于安全意识不够、安全知识不足、防护措施不到位和违章操作等原因，安全事故仍时有发生，令人非常痛心！从事工程施工一线建设，你们的安全牵动着家人的心，牵动着广大交通人的心，更牵动着党中央及各级党委、政府的心。为让工友们增强安全意识，提高安全技能，规范安全操作，降低安全风险，保证生产安全，我们组织开发制作了以动画和视频为主要展现形式的《公路施工安全视频教程》（第五册 工种安全操作），并同步编写了配套的《公路施工安全教育系列丛书——工种安全操作》口袋书。全套视频教程和配套用书梳理、提炼了工种操作与安全生产相关的核心知识和现场安全操作要点，易学易懂，使工友们能知原理、会工艺、懂操作，在工作中做到保护好自己和他人不受伤害。

请工友们珍爱生命，安全生产；祝福你们身体健康，工作愉快，家庭幸福！

广东省交通运输厅

二〇一八年十月

目录
CONTENTS

1　作业人员基本要求 ………………………………………… 1
2　作业人员权利与义务 ……………………………………… 6
3　基本安全常识 ……………………………………………… 12
4　常见事故类型与预防措施 ………………………………… 25
5　职业病预防 ………………………………………………… 46

1 PART 作业人员基本要求

1.1 年龄要求

作业人员年龄应在 18 周岁以上 60 周岁以下。

从事隧道及地下工程、有毒有害场所施工、第四级劳动强度的人员年龄宜在 55 周岁以下。

有毒有害场所施工

隧道施工

成孔验收

级别	劳动强度指数	各指数级平均耗能值及平均劳动时间率		
		能量消耗值（kcal/人）	净劳动时间（min）	劳动率（%）
Ⅰ	≤15	850	293	61
Ⅱ	15~20	1328	322	67
Ⅲ	20~25	1746	350	73
Ⅳ	>25	2700	370	77

1.2 健康要求

（1）经社区或县级以上医疗机构体检合格。

（2）无妨碍从事相应工种作业的疾病和生理缺陷，如心脏病、癫痫病、眩晕症、震颤麻痹症、听力障碍、色盲等。

PART 1 / 作业人员基本要求

1.3 持证要求

（1）电工、焊接与热切割作业人员、架子工等特种作业操作工，应具有初中及以上的文化程度。

（2）起重机司机、压力容器操作工、施工升降机操作工等特种设备作业人员，应具有相应的文化程度。

(3)特种作业操作工和特种设备作业人员,都必须取得相应的特种作业资格证书。

"特种设备作业人员证"与"特种作业操作证"是两种不同的证件。特种设备作业人员证由质量技术监督部门颁发,特种作业操作证由安全生产监督管理部门或住建部颁发。两者没有共同点,不通用,证书全国有效。

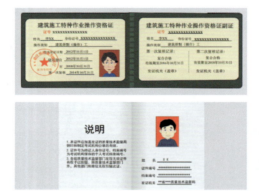

(4)挖掘机、装载机、压路机、自卸汽车等设备操作工,必须取得相应的资格证书。

1.4 技能要求

　　作业人员应经用人单位或培训机构进行相应的岗位技能和安全操作规程培训,满足要求后方可上岗作业。

培训机构

施工单位

❗ 培训机构:市级及以上建委、安监局、质监局下属培训中心或协会。

电焊机操作培训

安全操作规程培训

上岗作业

2 PART 作业人员权利与义务

2.1 权利

(1) 对存在的危险因素以及防范措施的知情权。

(2) 享有对安全生产工作的建议权。

PART 2 / 作业人员权利与义务

(3) 对安全管理工作的批评、检举、控告权。

(4) 享有对违章指挥和强令冒险作业的拒绝权。

（5）享有作业中发生危及人身安全的紧急情况时，立即停止作业或在采取可能的措施后撤离危险区域的避险权。

（6）享有因工受伤获得及时救治、工伤保险和赔偿权。

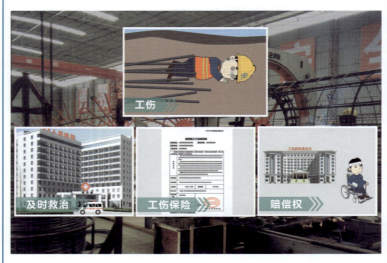

2.2 义务

(1) 遵守规章制度和操作规程,服从指挥,不违章作业。

(2) 接受安全生产教育和培训,掌握安全操作技能。

（3）规范佩戴和使用个人劳动防护用品。

（4）发现事故隐患或其他不安全因素时应立即报告。

(5)不伤害自己、不伤害他人、不被他人伤害、保护他人不受伤害。

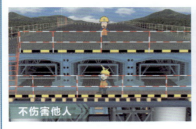

(6)听从他人合理建议、及时纠正不安全行为。

3 PART 基本安全常识

3.1 施工现场劳动纪律

(1)遵守劳动作业时间,不迟到、不早退;有事离开必须请假。

（2）严禁穿拖鞋、高跟鞋、短裤、背心及赤脚、赤膊进入施工现场。

（3）严禁带小孩进入施工现场。

（4）施工现场禁止吸烟、打闹及其他扰乱工作秩序等行为，酒后4小时内严禁作业。

（5）坚守本职岗位，不串岗，不擅自乱动非本人操作的设备、机具。

（6）严禁擅自拆除施工现场的安全防护设施、安全标志、警示牌等。

3.2 进入施工现场基本安全要求

（1）新进场人员必须经过三级安全教育培训，了解和掌握安全基本知识，并经考试合格后，方可进入现场作业。

三级安全教育内容	
一级教育 （公司）	进行安全基础知识、法律、法规的培训，主要内容是： 1. 党和国家的安全生产方针、政策； 2. 安全生产法规、标准和法规观念； 3. 本单位施工过程及安全生产规章制度、安全纪律； 4. 发生事故后如何抢救伤员保护现场和及时进行报告； 5. 事故的调查与处理
二级教育 （项目）	进行现场规章制度和遵守纪律教育的培训，主要内容是： 1. 本单位施工特点，施工安全知识； 2. 本单位(包括施工、生产现场)安全生产制度、规定及安全注意事项； 3. 本工种的安全操作技术规程； 4. 高处作业、机械设备、电气安全基础知识； 5. 防火、防毒、防尘、防爆知识及紧急措施； 6. 防护用品发放标准及防护用品、用具使用的基本知识
三级教育 （班组）	进行本工种岗位安全操作及班组安全制度、纪律教育的培训，主要内容是： 1. 班组作业特点和操作规程； 2. 班组安全活动制度和纪律； 3. 爱护和正确使用防护装置(设施)及个人劳动保护用品； 4. 本岗位存在的不安全因素及其防范对策； 5. 本岗位作业环境及使用的机械设备、工具的安全要求

（2）必须佩戴安全帽，并根据作业环境正确使用劳动防护用品。

（3）人员行走应及时避让机械设备及车辆，禁止斜插猛跑、随意搭乘或攀扒车辆。

（4）注意各种安全警示标志，严禁攀爬防护栏、脚手架等。

防护栏

脚手架

（5）未经允许严禁进入挂有"禁止出入"或设有危险警示标志的区域。

油库

未经许可 不得入内

炸药库

3.3 常见安全标志

安全标志分**禁止标志**、**警告标志**、**指令标志**和**提示标志**四种类型。

（1）**禁止标志**：该标志颜色为红色，是禁止人员不安全行为的图形标志。如"禁止攀爬""禁止烟火""禁止合闸"等。

PART 3 / 基本安全常识

（2）**警告标志**：该标志颜色黄色，是提醒人员对周围环境引起注意，避免可能发生危险的图形标志。如"注意安全""当心落物""当心触电"等。

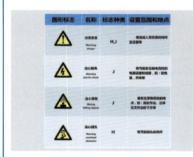

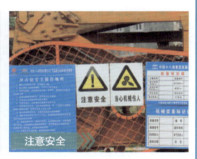

（3）**指令标志**：该标志颜色为蓝色，是强制人员必须做出某种动作或采用防范措施的图形标志。如"必须戴安全帽""必须系安全带""必须戴防护手套"等。

必须戴安全帽

必须系安全带

必须戴防护手套

（4）**提示标志**：该标志颜色为绿色，是提供安全设施或场所信息的图形标志。如"紧急出口""应急避险处""应急电话"等。

紧急出口

PART 3 / 基本安全常识

3.4 消防安全基本常识

（1）宿舍内禁止吸烟，严禁私拉乱接电线和使用电炉、碘钨灯、热得快等大功率电气设施。

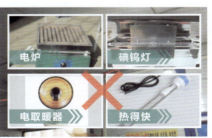

(2)严禁在办公区、生活区、值班室存放易燃、易爆物品。

(3)易燃、易爆危险品场所严禁使用明火或吸烟。

（4）严禁在生产区、生活区焚烧垃圾。

（5）严禁随意挪动消防器材，在消防设施前和通道上堆放物品。

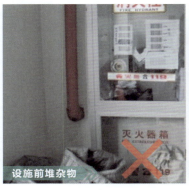

(6)熟悉疏散路线,发生火灾应按疏散指示有序撤离。

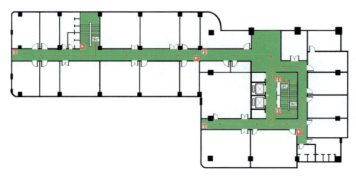

温馨提示
如发生火灾,请勿乘坐电梯,请按图上的红色箭头方向由消防安全通道迅速逃生

图例
● 你所在的位置　→ 安全疏散方向　灭火器　紧急逃生出口
■ 消防安全通道　消防疏散楼梯　消火栓　客运货运电梯

PART 4 / 常见事故类型与预防措施

  常见事故类型与预防措施

施工现场常见事故主要有高处坠落、物体打击、触电、机械伤害、坍塌五大类。

4.1 高处坠落

(1)高处坠落是指在高于基准面2m及以上进行作业时,发生人员坠落引起的伤害事故。

❗ 高处作业人员滑到、跌倒、踩空、身体失衡等造成的事故。

墩身施工

作业台架

(2)施工现场易发生高处坠落的部位:隧道模板台车、作业台架、桥梁脚手架、作业平台、路基高边坡、基坑及孔、洞边缘等。

隧道模板台车

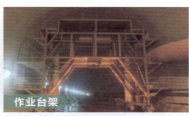
作业台架

桥梁脚手架

作业平台

PART 4 / 常见事故类型与预防措施

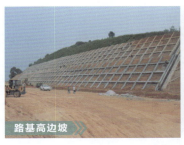
路基高边坡

基坑

孔、洞

预防措施：
① 必须系安全带、穿防滑鞋等个人防护用品。

安全带,高挂低用
防滑鞋
高处作业

②施工现场临边、孔、洞等应设置防护设施及警示标志。

a. 防护栏杆应能承受 1kN 的可变荷载

b. 防护栏杆下方有人员及车辆通行或作业的,应挂密目安全网封闭,防护栏杆下部应设置高度不小于 0.18m 的挡脚板

c. 防护栏杆应由上、下两道横杆组成,上杆离地高度应为 1.2m。下杆离地高度应为 0.6m

d. 横杆长度大于 2m 时,应加设栏杆柱

临边

孔、洞

③高处作业必须设置上下通道,严禁攀爬防护栏杆、脚手架及模板。

钢斜梯
墩身高度<5m

梯笼
墩身高度在5~40m

附着式电梯
墩身高度≥40m

防护栏杆

脚手架

模板

④作业平台脚手板必须满铺绑牢,严禁出现探头板。

⑤暴雨、浓雾、六级以上强风等恶劣天气,不得进行露天高处作业。

4.2 物体打击

(1) 物体打击是指失控物体的惯性力造成的人身伤害事故。
⚠ 高空坠物、崩块、碎片、破片、架管、扣件、木枋等打击伤害。

物体打击

(2) 施工现场易发生物体打击的部位：隧道掌子面、作业台架、桥梁挖孔桩、墩柱、预制梁场、路基高边坡、钢筋加工场等。

隧道掌子面

PART 4 / 常见事故类型与预防措施

作业台架

桥梁挖孔桩

墩柱

预制梁场

路基高边坡

钢筋加工场

预防措施：
①正确佩戴安全帽，不得上下交叉作业。

安全帽

交叉作业

②高处作业时工具应放入工具袋,严禁往下或向上乱抛材料、工具等物件。

③高处作业平台应设置防护栏杆、安全网及挡脚板,下方设置警戒区。

- 防护栏杆、挡脚板
  防护栏上横杆高度1.2m,下横杆高度为0.6m,立杆间距不得大于2m,栏杆根部设置高度不低于18cm的挡脚板,挡脚板应固定牢固。栏杆应至少承受1kN的水平推力。

④隧道掌子面、路基边坡危石及作业平台上的物料、杂物及时清理。

⑤上跨道路、出入口上方等作业时必须搭设坚固、密封的防护棚。

4.3 触电

(1)触电是指人体直接接触电源或电流经过导电介质传递通过人体时,引起的组织损伤和功能障碍。

(2)施工现场易发生触电的部位:配电箱、电缆接头、电气设备金属外壳、手持电动工具、照明灯具、潮湿环境等。

PART 4 / 常见事故类型与预防措施

预防措施：
① 非电工严禁拆、接电气线路、插头、插座、电气设备等。

② 严禁靠近标有"高压危险"标识区域。

③ 雷雨天气及时关闭用电设备，切断电源。

④严禁在配电箱、用电设备、线路周围堆放易燃易爆物品，动火作业应远离电气设备及供电线路。

⑤禁止在用电线路上挂晒衣服及挂设其他物品。

⑥临时停电、停工、检修或移动电气设备时,必须关闭电源。

⑦隧道模板台车、作业台架、人工挖孔桩及其他潮湿环境的照明电压应采用安全电压。

4.4 机械伤害

(1)机械伤害是指机械设备引起的绞、碾、碰、割、戳等人身伤害事故。

• 机械零部件、工件飞出伤人,切削伤人,人的肌体或身体被旋转卷入机械受伤,脸、手或其他部位被刀具碰伤等。

绞伤

割伤

(2)施工现场易发生机械伤害的部位。

模板台车
作业台架
转动部位
路基施工
路面施工

预防措施：
①非专业人员严禁擅自使用和操作机械设备。

②机械设备的齿轮、皮带、传动轴等部位，必须有可靠有效的安全防护装置。

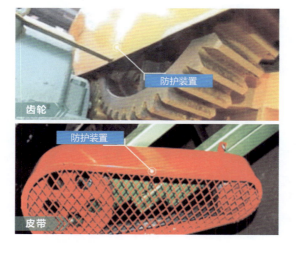

③挖掘机、起重机等机械旋转半径内不得站人。

挖掘机

起重机械

④机械设备运行时,操作人员严禁将头、手等肢体伸入机械行程范围内。

机械上站人

⑤严禁在运行的机械设备上行走或坐立。

混凝土搅拌设备

4.5 坍塌

（1）坍塌是指物体在外力或重力作用下，超过自身极限强度引起的坍塌事故。

（2）施工现场常见的坍塌事故主要有：模板支架体系坍塌、脚手架坍塌、钢筋垮塌、爆模、边坡坍塌、基坑坍塌等。

预防措施：

①支架搭设前对基础平面进行检查、处理，确保支架脚手架下托在同一水平面且受力均匀。

②脚手架作业平台严禁超负荷及不均匀堆放材料。

③未经允许不得擅自拆除脚手架的任何杆件。

脚手架

④基坑及边坡开挖时,应按施工方案自上而下分层开挖、分级防护,严禁采用局部开挖深坑或从底层向四周掏土的方法施工。

基坑开挖

边坡开挖

边坡开挖

⑤边坡平台上及基坑顶周边严禁堆放材料、停放机械设备等。

❗ 基坑周边1m内不准堆土或物,1~3m间堆土高度不得超过1.5m,4m内禁止停滞车辆、设备。

⑥墩柱及隧道二衬钢筋施工时应采取可靠的防倾覆措施。

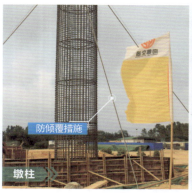 

⑦模板加固及支撑措施必须稳固,浇筑时应分层分段并控制浇筑速度,振捣棒严禁碰撞模板。

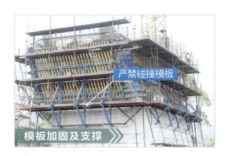

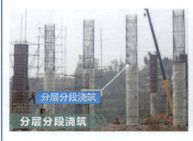

5 PART 职业病预防

（1）职业病是指劳动者在工作中，因接触粉尘、放射性物质和其他有毒、有害因素而引起的疾病。

（2）公路工程根据作业环境、施工工艺的不同，易造成的职业病主要有职业性尘肺病、皮肤病、眼病、耳病、化学中毒及物理因素所致职业病。

①职业性尘肺病

公路工程常见职业性尘肺病一览表

职业病名称	职业病简介	危害类别	公路工程中主要涉及作业内容
职业性尘肺病	长期接触生产性粉尘的作业人员，吸入的粉尘数量达到一定数量即可引发的疾病	矽肺	河沙、碎石的装载、运输；土石方的开挖、炮眼打孔、爆破；土石方回填、支护；金属喷砂、除锈；金属打磨、抛光；隧道掘进、打眼、爆破；人工挖孔桩开挖；喷浆作业；混凝土浇筑；路面铺摊；砖、切块、条石砌体等的砌筑；
		水泥尘肺	水泥的运输、搬运、投料、拌和、浇捣；水泥称量配料、混合搅拌、制浆均和
		电焊工尘肺	手工电弧焊；气体保护焊；氩弧焊；碳弧气刨；气焊

②职业性皮肤病

公路工程常见职业性皮肤病一览表

职业病名称	职业病简介	危害类别	公路工程中主要涉及作业内容
职业性皮肤病	劳动中以化学、物理、生物等职业性有害因素为主要原因引起的皮肤及附属器的疾病	光敏性皮炎	采取沥青进行防腐、防水处理；沥青路面施工
		电光性皮炎	金属材料切割作业、各类焊接作业
		黑变病	采取沥青进行防腐、防水处理；野外/露天施工作业。机械设备修理采取汽油进行机械部件清洗、发动机装配

③职业性眼病

公路工程常见职业性眼病一览表

职业病名称	职业病简介	危害类别	公路工程中主要涉及作业内容
职业性眼病	工作中由于接触职业病危害因素引起的各种眼部病变造成眼部损伤的疾病	化学性眼部灼伤	蓄电池充电作业、金属酸洗、钢筋钢材除锈作业
		电光性眼炎	各类焊接作业

④职业性耳病

公路工程常见职业性耳病一览表

职业病名称	职业病简介	危害类别	公路工程中主要涉及作业内容
职业性耳病	劳动者在工作过程中长期接触生产性噪声而发生的一种进行性感音性听觉障碍造成耳部损伤的疾病	噪声性耳聋	土石方的炮眼打孔、爆破；隧道掘进、打眼、爆破；金属喷砂、除锈金属打磨、抛光；喷浆作业；混凝土浇筑；路面摊铺

⑤职业性化学中毒

公路工程常见职业性化学中毒一览表

职业病名称	职业病简介	危害类别	公路工程中主要涉及作业内容
职业性化学中毒	劳动者生产劳动过程中接触生产性毒物而引起的中毒	铅及化合物中毒	油漆配料；设备检修除锈；涂料、颜料配制、使用；旧设备焊割拆除
		锰尘中毒	手工电弧焊；气体保护焊；碳弧气刨
		一氧化碳中毒	深井、深基坑作业；罐体、管道等密闭空间内作业；市政管道新管、旧管连接作业；焊接作业
		二硫化碳中毒	市政管道新管、旧管边接作业
		苯中毒、甲苯中毒、二甲苯中毒	油漆的调配、稀释、溶解；油漆的喷涂、揩涂、淋涂、刷涂；机电绝缘、镇流器绝缘
		汽油中毒	机械设备修理采取汽油进行机械部件清洗、发动机装配

PART 5 / 职业病预防

⑥物理因素所致职业病

<table>
<tr><th colspan="4">公路工程常见物理因素所致职业病一览表</th></tr>
<tr><th>职业病名称</th><th>职业病简介</th><th>危害类别</th><th>公路工程中主要涉及作业内容</th></tr>
<tr><td rowspan="5">物理因素所致职业病</td><td rowspan="5">在工作环境中,与劳动者健康密切相关的物理性因素包括气象条件,如气温、气湿、气流、气压;噪声和振动;电磁辐射,造成的劳动者损伤的疾病</td><td>中暑</td><td>夏季施工;密闭空间作业;金属材料焊接、切割作业</td></tr>
<tr><td>减压病</td><td>水下作业</td></tr>
<tr><td>高原病</td><td>高原地区作业</td></tr>
<tr><td>手臂振动病</td><td>土石方的炮眼打孔;金属喷砂、除锈;金属打磨、抛光;喷浆作业;混凝土浇筑;路面铺摊;金属构建铆接</td></tr>
<tr><td>冻伤</td><td>冬季施工</td></tr>
</table>

(1)职业性尘肺病预防措施

①采取湿式作业、人工洒水或机械洒水降尘。

湿式作业

人工洒水

机械洒水

②如不能采取湿式作业,应采用密闭抽风除尘措施防止粉尘飞扬。

抽风除尘

③做好接尘工人各项健康检查。

健康检查

④作业过程中佩戴防尘护具并按规定及时更换。

防尘护具

⑤定期对生产环境中的粉尘浓度进行检测。

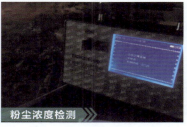

（2）职业性皮肤病预防措施：

①改善劳动条件，确保操作过程自动化、机械化，加强个人防护。

②避免作业人员的皮肤在无防护的情况下直接接触有害物质。

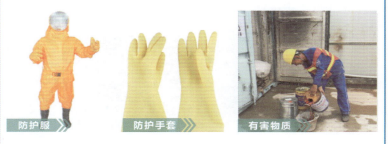

❗ 无法采用机械化替代时，作业人员必须正确佩戴防护用品。

③定期做好职业性皮肤病的普查。

皮肤病普查

皮肤病教育

（3）职业性眼病预防措施：

电焊作业应佩戴防护面罩，搬运有毒有害化学物品时应戴好防毒面具，轻拿轻放，避免喷溅。

电焊作业

防毒面具

（4）职业性耳病预防措施：

采用低噪声设备，佩戴防护耳塞、耳罩、防声帽等。

低噪声设备

静音通风机

①对作业现场，首先采用低噪声设备。

PART 5 / 职业病预防

②对噪声仍超过允许值的,做好个人防护,按要求佩戴好防护用品。

(5)**职业性化学中毒预防措施**:

①进入通风不良的施工现场,应先进行通风。

②技术革新、改革生产工艺,如以无毒或低毒的物质代替有毒或剧毒的物质。

❗ 技术革新、改革生产工艺。

③加强个人防护用品佩戴。

⚠ 如以无毒或低毒的物质代替有毒或剧毒的物质。

(6)物理因素所致职业病预防：

①中暑：作业时间避开高温时段；隧道及其他有限空间作业时采取有效的通风和降温措施；发放防暑降温药品及饮料。

②手臂振动病：采用低振动的机械设备或工具，控制作业时间，加强个人防护。

作业人员基本安全常识

建设工程风险高　安全生产要记牢
基本条件需具备　权利义务不可废
遵章守纪不冒险　安全常识记心间
五大伤害最常见　应急预案早演练
职业危害莫忽视　防护用品合规配
安全职责人人有　全员参与保平安